Bibliografische Information der Deutschen Nationalbibliothek:

Die Deutsche Bibliothek verzeichnet diese Publikation in der Deutschen National-
bibliografie; detaillierte bibliografische Daten sind im Internet über http://dnb.d-
nb.de/ abrufbar.

Impressum:

Copyright © 2007 GRIN Verlag, Open Publishing GmbH
Druck und Bindung: Books on Demand GmbH, Norderstedt Germany
ISBN: 9783668438743

Dieses Buch bei GRIN:

http://www.grin.com/de/e-book/200432/aufbau-und-funktionsweise-eines-solar-
akkuladers-mit-ueberladeschutz

Andreas Hoppe

Aufbau und Funktionsweise eines Solar-Akkuladers mit Überladeschutz

GRIN Verlag

Wirtschaftsakademie Schleswig-Holstein

Berufsakademie

Fachrichtung Wirtschaftsingenieurwesen

Semesterarbeit

Thema: Solar-Akkulader
mit Überladeschutz

Eingereicht von: Andreas Hoppe

Abgabetermin: 19.06.2007

Inhaltsverzeichnis

Abbildungsverzeichnis

Tabellenverzeichnis

1. Einleitung

Im Rahmen des Studiengangs zum Diplom-Wirtschaftsingenieur an der Wirtschaftsakademie Kiel, dient diese Semesterarbeit als Leistungsnachweis für das Fach Elektrotechnik im 4. Semester.

Ziel der Semesterarbeit ist es, der Studiengruppe BA 105T, Herrn Prof. Dr. Abke, sowie allen weiteren Interessierten den Aufbau und die Funktionsweise eines Solar-Batcrieladers näher zu bringen und an diesem qualitative und quantitative Messungen deren Deutungen durchzuführen.

Ein weiteres, ganz persönliches Ziel ist für mich das Erstellen dieser Semesterarbeit mit dem Textsatzprogramm LaTeX (gesprochen „Latech“).

LaTeX ist Programm, mit welchem an vielen naturwissenschaftlich-technischen Hochschulen gearbeitet wird, um Semester-, Diplom- und Habilitationsarbeiten zu erstellen.

Es ist ein Softwarepaket, welches die Benutzung des Textsatzprogramms TeX (gesprochen „Tech“, 1977 an der Stanford Universität entwickelt) mit Hilfe von Makros vereinfacht. Es beinhaltet vorgefertigte Layout Elemente und logische Dokumentenstrukturen und ermöglicht so einer breiten Anwenderschicht die Nutzung des TeX-Systems. Die Erstellung von LaTeX Dokumenten ist nicht visuell orientiert wie das zweifelsohne bekannteste Textbearbeitungsprogramm $Microsoft\ Word^©$.

LaTeX arbeitet mit einem im Textformat erstellten Quelldokument (oder mehrer) welche erst von einem Compiler in das gewünschte Format gebracht werden. Das Quelldokument wird in einer Markup Sprache geschrieben, welche ich im nächstes Semester meinen Komilitonen einführend vermittelt möchte.

In nun folgender Ausarbeitung wird das Thema: „Solar-Lader mit Akkuschutz“ zuerst in seine Komponenten zerlegt, diese werden theoretisch betrachtet und anschließend wird die Schaltung zusammengeführt und an den Komponenten Messungen durchgeführt und die Ergebnisse gedeutet.

2. Theorie

2.1. Halbleiter

Halbleiter sind Festkörper welche Aufgrund von beweglichen Ladungsträgern eine mehr oder weniger große Leitfähigkeit haben. Die Leitfähigkeit ist abhängig vom Aufbau, der Gitterstruktur und der Temperatur des Materials.

Halbleitermaterialen sind u.a. Silizium (Si), Germanium (Ge) und Galliumarsenid (GaAs). Bei Si und Ge handelt es sich um 4-wertige Atome, welche 4 Valenzlektronen aufweisen (IV. Gruppe). Bei einem idealen Si/Ge Kristall gibt es keine frei beweglichen Ladungsträger, da sämmtliche Valenzelektronen an die Gitteratome gebunden sind. In diesem Zustand kann der Kristall auch als Isolator bezeichnet werden. [1] Da die elektrische Leitfähigkeit von Halbleitern aber mit steigender Temperatur zunimmt, gehören sie zu den Heißleitern. Weiterhin lässt sich die Leitfähigkeit durch gezieltes Einbringen von Fremdatomen (Dotieren) der III. Gruppe (Akzeptoren) oder V. Gruppe (Donatoren) beeinflussen. Der Halbleiter wird also entweder p-leitend oder n-leitend. Die Halbleitereigenschaften sind maßgeblich durch die Sperrschicht an den pn-Übergängen gegeben[2]

Der Ladungstransport in einem Halbleiter geschieht durch Elektronen und deren positivem Gegenstück: Defektelektronen. In der Elektronik und Mikroelektronik bilden Halbleiter die Grundlage für Bauelemente und Schaltkreise.

In der Halbleiterindustrie hat sich Silizium als der wichtigste Werkstoff durchgesetzt. Die Eigenschafen sind nahezu ideal:

- Schadenfreie Betriebstemperatur bis 150°C.

- Ein Höherer Bandabstand und ein höherer spezifischer Widerstand führen zu einem geringem Sperrstrom.

- Praktisch unbegrenzter Rohstoff auf der Erde.[3]

---

[1]Vgl. [O]
[2]Vgl. [Kli04], [Dub06 V14]
[3]Vgl. [Kli04 Seite 15]

2.2. Fotodiode

Fotodioden (FD) sind aus Silizium hergestellte Dioden, welche beim Eindringen von Lichtquanten mit ausreichender Energie (kurzwelliges Licht) einen Stromfluss aufweisen. Durch Lichtphotonen werden innerhalb des Halbleiters in der Raumladungszone Elektron-Lochpaare erzeugt, welche eine Trennung der Ladungspaare verursacht, als Ergebnis fließt im äußeren Stromkreis Strom.

Dieses Phänomen wird auch innerer Fotoeffekt genannt. Der Zusammenhang zwischen der Wellenlänge λ und der Enthaltenen Energie des Photons E ist druch das Plansche Wirkungsquantum h in folgender Gleichung gegeben: $E = h \cdot f$ gegeben.

Die Leerlaufspannung U_L steigt logarithmisch mit der Beleuchtungsstärke an und erreicht bei Siliziumdioden bei $1000lx$ einen Wert von ca. $0,5V$. Dieser Vorgang ist unabhängig von der Diodenfläche, wohingegen der Kurzschlussstrom I_K proportional zur Beleuchtungsstärke und zur Fläche ist.

Die maximale Leistung, welche aus der FD entnommen werden kann liegt bei $U_L \cdot I_K$, dem entsprechend muss der Lastwiderstand für die Entnahme der maximalen Leistung in der Größenordnung von U_L/I_K liegen.[4]

2.3. Solarzelle

Solarzellen sind die kleinsten Bestandteile eines Solarmodules und werden aus mono- oder polykristallinem Silizium gefertigt (z.T aus Abfällen der Halbleiterelektroindustrie).Im Prinzip handelt es sich um eine großflächige Fotodioden aus Silizium. Der einfachste Aufbau der Solarzelle besteht aus zwei wenigen Millimeter dünnen Siliziumschichten und ein die Oberfläche schützendes Glas-Substrat. Die lichtabsorbierende Si-Schicht ist n-dotiert, darunter liegt die p-dotierte Schicht. Genau wie in einer Diode entsteht in der Solarzelle ein p-n-Übergang und die Ausbildung einer weitreichenden Raumladungszone. [5]

---

[4]Vgl. [Kli04], [Bre05]
[5]Vgl. [0],[E], [Man04], [Elektor Seite 26], [F], [Dub06 V15]

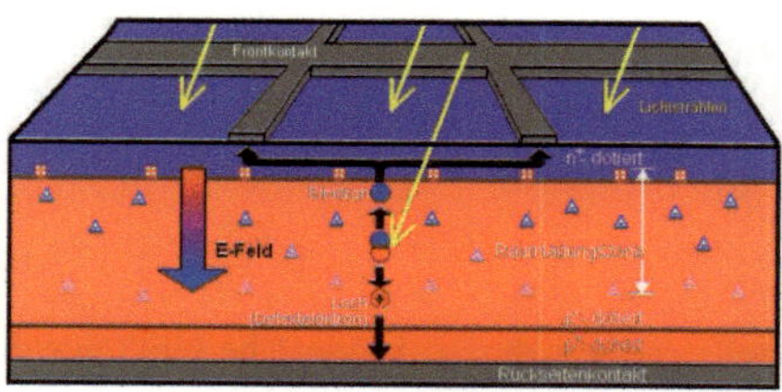

Abbildung 2.1.: Aufbau und Funktion der Solarzelle
Quelle: Eigene Zeichnung

Durch den Einfall von Lichtphotonen werden in der Raumladungszone Elektronen-Loch-Paare erzeugt. Die Elektronen sammeln sich auf der n-dotierten Oberseite und die Löcher in der p-dotierten Schicht. Gleichzeitg rekombinieren ein geringer Anteil der Ladungsträger und die Energie wird in Form von Wärmeenergie abgegeben. Die restliche Energie steht durch Abgriff über metallische Elektroden an beiden Schichten zur Verfügung.

Die Leerlaufspannung der Solarzelle beträgt etwa $0,5\ V$ und ist wie bei der Fotodiode Abhängig von der Beleuchtungsstärke.

Bei einem Solarmodul beschreibt die Spitzenleistung *kWp* die optimale Leistung unter genormten Testbedingungen ($1000\frac{W}{m^2}$, 25°C Modultemperatur, 1,5 Air Mass)

Air Mass

Air Mass (AM) ist Faktor, welcher angibt wie lang der Weg der Sonnenstrahlung durch die Erdatmosphäre im Verhältnis zur Atmosphärendicke ist. Somit gibt der Faktor die Abschwächung der Strahlung durch die Atmosphäre (durch Reflexion und Absorption) an.
Für den senkrechten Sonnenstand ergibt sich AM = 1 (AM1). Bei AMx wird der x-fache Weg von AM1 durchquert. Es gilt:

$$x = \frac{1}{sin\alpha} \tag{2.1}$$

$\alpha = Einfallswinkel\ der\ Sonne$

Der wichtigste Standardwert in der Solartechnik ist der Wert AM1,5. Dies entspricht der globalen Strahlungsleistung von $1000\ \frac{W}{m^2}$.[6]

---

[6]Vgl. [U],[W], [Z]

2.3.1. Wirkungsungsgrad

Der Wirkungsgrad wird allgemein definiert als:

$$\eta = \frac{Output}{Input} \cdot 100\% \qquad (2.2)$$

Im Bezug auf die Solarzelle ergibt sich der theoretische Input aus der Globalstrahlung der Sonne und der Output aus der elektrischen Leistung[7].

$$\eta = \frac{P_{max}}{A \cdot E} \cdot 100\% \qquad (2.3)$$

Allgemein gilt, dass der maximale theoretische thermodynamische Wirkungsgrad der Energiegewinnung aus Sonnenlicht (gesamter Wellenlängenbereich) ca.85% beträgt. Das die Solarzelle allerdings nur ein Teil des Wellenlängenbereichs nutzt, reduziert sich der theoretische Wert auf 29%[8].

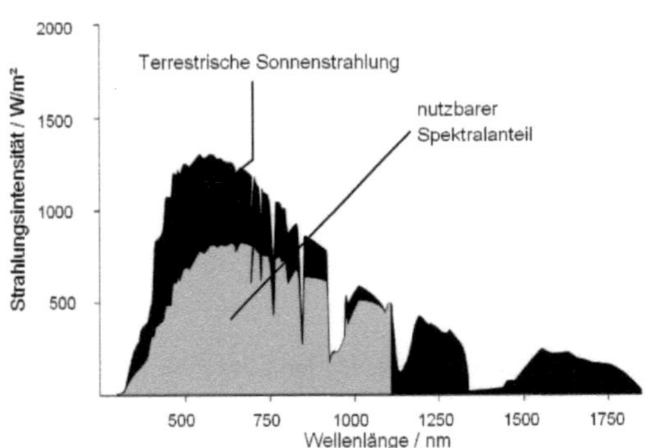

Abbildung 2.2.: Nutzbarer Wellenlängenbereich
Quelle: Vgl.[T] Veränderte Zeichnung

- Solarzellen aus monokristallinem Silizium haben im Labor einen Wirkungsgrad von $\eta = 24\%$ und in der Produktion von $\eta = 14 - 17\%$ erreicht.

- Solarzellen aus polykristallinem Silizium liegen bei $\eta = 18\%$ im Labor und $\eta = 13 - 15\%$ in der Produktion.[9]

---

[7]Vgl. [S]
[8]Vgl. [T]
[9]Vgl. [S]

Solarkonstante

Als Solarkonstante bezeichnet man in der Wärmelehre die durchschnittliche auf der der Erde auftreffende Strahlungsleistung pro Quadratmeter.

$$Solarkonstante = 1,37\frac{kW}{m^2} \tag{2.4}$$

Es handelt sich um einen empirisch ermittelten Wert, welcher allerdings nicht die Abschwächung durch die Erdatmosphäre berücksichtigt.[10]

Globalstrahlung

Die Globalstrahlung bezeichnet die von der Sonne ausgestrahlte Solarenergie, welche die Erdoberfläche durch die Atmosphäre erreicht. Gemessen wird die Globalstrahlung in der Einheit der Bestrahlungsstäke[11], welche wie folgt definiert ist:

$$E_e = \frac{\Phi_e}{A_E} \tag{2.5}$$

Bestrahlungsstärke: $[E_e] = \frac{W}{m^2}$, Strahlenfluss: $[\Phi_e] = W$, Bestrahlte Fläche: $[A_E] = m^2$.
Die Globalstrahlung wird lokal gemessen und auch als solare Strahlung bezeichnet. Für Mitteleuropa ergibt sich im Sommer ein Mittelwert von $1000\frac{W}{m^2}$. Die solare Strahlung kann mit einem Pyranometer gemessen werden und wird von Meterologischen Instituten aufgezeichnet.[12]
Die Globalstrahlung bezeichnet die geamte ausgestrahlte Solarenergie, dabei ist für die Solarzelle zu berücksichtigen, dass wieder nur ein Teil des Wellenlängenbereiches in elektrische Energie umgewandelt werden kann.

---

[10]Vgl. [Kuchling Seite 265] , [Dub06 L16]
[11]Vgl. Kuchling Seite 405
[12]Vgl. [H], [G]

Eine Aufzeichnung der Globalstrahlung der Bundesrepublik Deutschland im Zeitraum von 1981 bis 2000 vom Deutschen Wetterdienst.

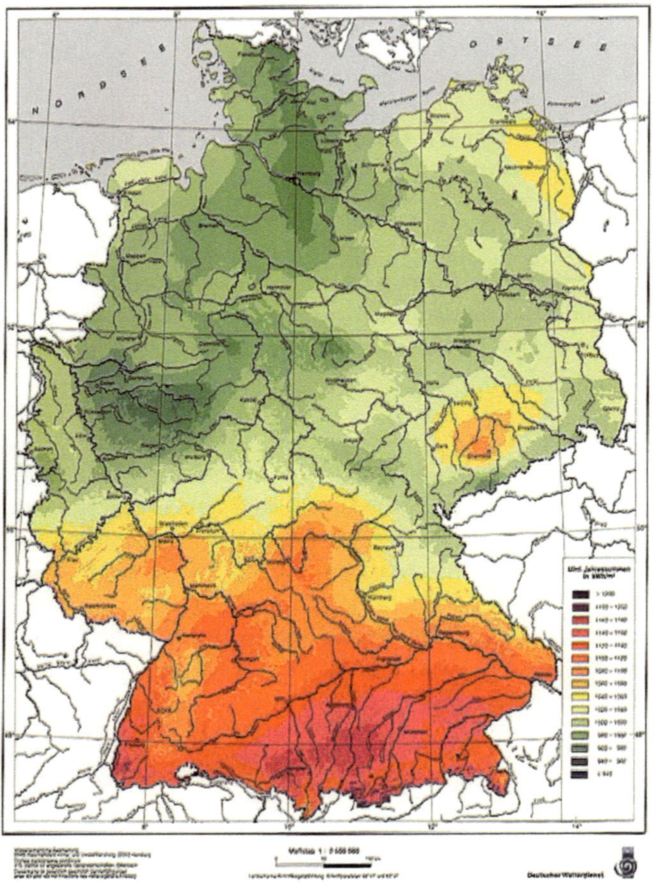

Abbildung 2.3.: Globalstrahlung Deutschland
Quelle:[Q]

2.3.2. Anwendungen

Solarmodule finden ihre Hauptanwendung in Photovoltaikanlagen zur Stromerzeugung aus Solarenergie. Durch den weltweit steigenden Energiebedarf wird diese Form der Energiegewinnung zunehmend wichtiger.

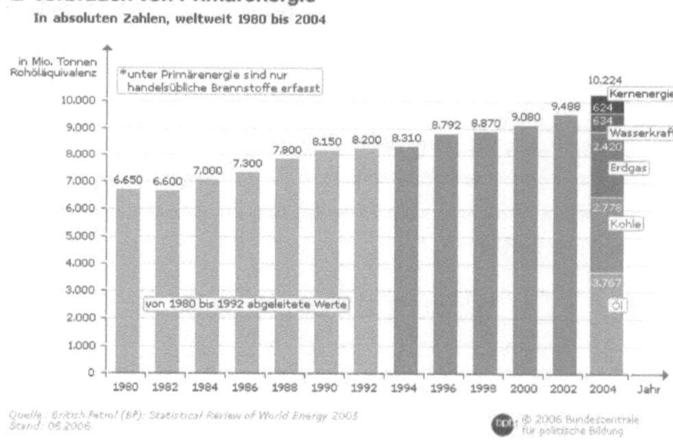

Abbildung 2.4.: Weltweiter Energieverbrauch
Quelle: Vgl. [V]

Trotz des derzeit geringen Marktanteils der Photovoltaik am gesamten Volumen der regenerativen Energien und der hohen Preise verzeichnet die Photovoltaik weltweit jährliche Zuwachsraten von 30%. Zur Zeit sind kristalline Silizium Solarmodule mit 80% noch marktbeherrschend, allerdings wird in Zukunft mit der Marktreife der Dünnschicht Solarzelle und der damit verbundenen Kostenreduktion ein weiterer Wachstumsimpuls eingeleitet[13].

Die Dünnschicht Technologie ermöglicht das Aufbringen einer weniger als zwei Mikrometer dünnen Siliziumschicht direkt auf einem Glasträger. Nach einer Wärmebehaldlung weist die Siliziumschicht eine kristalline Struktur auf. Dieses Verfahren nennt sich CSG (Crystalline Silicon on Glass) und ermöglicht eine Vielzahl an Anwendungen.

Es gibt Dünnschichtzellen, welche sich in Hausdächer und Fassaden integrieren lassen. Der Witterungsschutz wird durch eine Kunststofffolie gegeben. Die Dünnschichtzellen haben im Labor einen Wirkungsgrad von $\eta = 10,5\%$ erreicht.[14]

---

[13]Vgl. [X]
[14]Vgl. [Y]

Lebensdauer von Photovoltaikanlagen

Die durchschnittliche Lebensdauer von Photovoltaikanlagen beträgt 30-40 Jahre. Die Anlagen sind störungs- und wartungsarm. Die Hersteller von Solarmodulen bieten inzwischen Garantien zwischen 10 und 25 Jahren. Die Solarmodule erfahren allerdings über ihre Lebensdauer den Effekt der Degradation, d.h. der Wirkungsgrad verringert sich mit zunehmendern Nutzungsdauer. Der Wirkungsgradrückgang nach 25 Jahren beträgt etwa 10-13%[15].

Potential

Laut Erhebung der Fachzeitschrift Photon wurden 2005 ca. 0,26 % der deutschen Stromerzeugung aus Solarenergie gewonnen. Bei starkem Wachstum der Branche gehen verschiedene Prognosen von 0,45 bis 1,0 %im Jahre 2010 aus. Im Jahr 2020 sollen schon 1,5 % aus Photovoltaikanlagen gewonnen werden.[16]

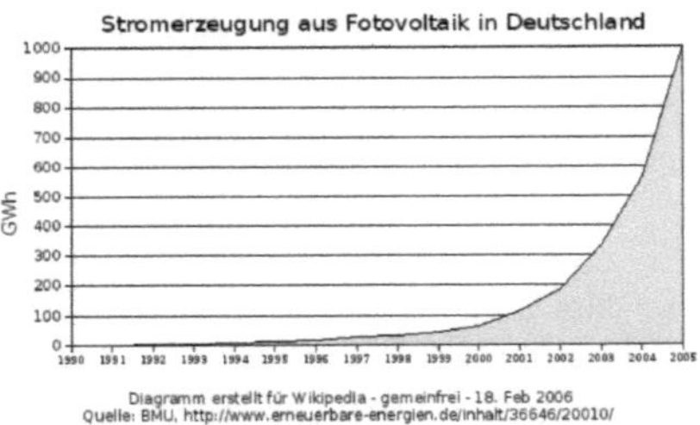

Abbildung 2.5.: Entwicklung der Solarstromerzeugung in Deutschland
Quelle:[CC]

In Deutschland wurden im Jahr 2006 ca.175 000 Solaranlagen installiert. Bis Ende 2005 zählte der Bundesverband Solarwirtschaft (BSW) rund eine Million Systeme. Der Großteil der Systeme wurde im Süden Deutschlands installiert, da dort die Globalstrahlung am höchsten ist (Siehe 2.3). In unseren Breitengraden kann mit einer 1 kWp-Photovoltaik-Anlage (ca. $8 - 10\ m^2$) ungefähr 700 bis 900 kWh Strom pro Jahr erzeugt werden. Ein Vier-Personen-Haushalt verbraucht durchschnittlich 4000 kWh pro Jahr.[17]

---

[15]Vgl. [E]
[16]Vgl.[BB]
[17]Vgl.[DD], [EE]

2.4. Akkumulatoren

Bei Akkumulatoren (Akkus) handelt es sich um galvanische Elemente, welche wiederholt ge-
laden und entladen werden können. In der Solartechnik werden hauptsächlich Nickel-Cadmium
(NiCd)-Akkus aber auch vermehrt umweltfreundlichere NiMH (Nickel-Metallhydrid) und
NiH (Nickelhydrid)-Akkus eingesetzt.[18]

2.4.1. Kenndaten

Akkus werden durch folgende elektrische Größen definiert:

Größe	Bezeichnung	Einheit	Berechnung
Bemessungsspannung	U_n	V	festgelegt
Bemessungskapazität	K_n	Ah	$K_n = I_n \cdot t_n$
Endladeschlussspannung	U_s	V	festgelegt
Gasungsspannung	U_G	V	festgelegt

Tabelle 2.1.: Elektrische Größen Akku
Quelle: Vgl.[Man04]

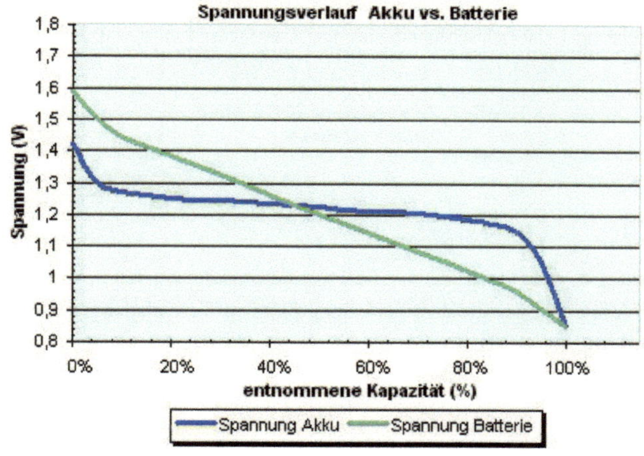

Abbildung 2.6.: Entladekurve Akkus und Batterie
Quelle: Vgl. [FF]

---

[18]Vgl. [A]

Ein Mikro(AAA) Akku hat zuerst augenscheinlich ein Nachteil mit einer Nennspannung von 1,2 V gegenüber der „herkömmlichen" Batterie mit Nennspannung 1,5 V. Dies sagt allerdings nichts über den Spannungsverlauf beim Entladen, also unter Last, aus. Der Akku hat einen flacheren Spannungsverlauf als die Batterie, was bedeutet, dass bis fast zum Ende der Kapazität die 1,2 V zur Verfügung stehen.

Der Spannungsverlauf von Batterien fällt steiler. Zu Befinn ist die Spannung größer, doch fällt dann·beinahe linear ab, bis das Ender der Kapazität erreicht ist.

Die Spannung des Akkus liegt, über die gesamte Nutzungsdauer betrachtet, höher als die der normalen Batterie. Der Nachteil des flachen Spannungsverlaufes ist, dass durch Messung der Zellspannung keine eindeutigen Rückschlüsse auf die verbleibende Kapazität gezogen werden kann.

2.4.2. Nickel-Cadmium

Nickel-Cadmium (NiCd) Akkus sind sehr robust und langlebig, weiterhin gehören sie zu den Akkus mit alkalischen Elektrolythen. NiCd-Akkus haben eine nominale Spannung von 1,2 Volt, weisen einen geringen Innenwiderstand auf und können deswegen hohe Ströme liefern. Hauptanwendung ist daher auch im Modellbau und weiteren Hochstromanwendungen.

Bemessungsspannung	Endladeschlussspannung	Gasungsspannung	Bemessungskapazität
1,2 V	0,85-1,14 V	1,55-1,60 V	750 mAh

Tabelle 2.2.: Kennwerte NiCd Akku
Quelle: Vgl.[Man04]

Entladevorgang

NiCd-Akkus müssen ab einer verbleibenden Entladeschlussspannung von $0,85 - 0,9\ V$ wieder aufgeladen werden, eine fortgeführte Entladung führt zu Tiefentladung, bei welcher der gesamte Akku zerstört werden kann.

2.4.3. Nickel-Metallhydrid

Die Bezeichung Nickel-Metallhydrid (NiMH) gibt die Bestandteile der positiven und der negativen Elektrode des Akkus an. Das H in der Abkürzung NiMH steht hier nicht für atomaren Wasserstoff, sondern wird zusammen mit dem M als Metallhybrid gelesen. Metallhybrid (negative Elektrode) ist eine übergeordnete Bezeichnung für ein Metall, welches in der Lage ist eine Verbindung mit Wasserstoff einzugehen. Die positive Elektrode besteht aus Nickelhydroxid.[19]

Bemessungsspannung	Endladeschlussspannung	Gasungsspannung	Bemessungskapazität
1,2 V	1 V	-	1300 mAh

Tabelle 2.3.: Kennwerte NiMH Akku
Quelle: Vgl.[Man04]

Beim Entladen oxidiert der Wasserstoff es entstehen positiv geladene H-Ionen, welche mit den OH-Ionen der Kalilauge zu Wasser werden.

---

[19]Vgl. [B], [Dub06 V60]

2.4.4. Anwendungen

Die Entwicklung der Akkutechnologie wird maßgeblich darüber entscheiden, ob umweltfreundliche Elektroautos in naher Zukunft die Serienreife erlangen oder nicht.
Bisher waren die Akkumulatoren stets der Schwachpunkt aller Elektroautos.

Die Firma Altairnano aus Reno/Nevada hat nun mit Hilfe der Nanotechnologie, Titan- und Keramikbauteilen, einen Akku entwickelt, welcher mindestens 12 Jahre funktionstüchtig bleibt und selbst nach 15000 Ladevorgängen bis 85% der Kapazität beibehält.
Doch der wahre Durchbruch ist dabei die Ladezeit von **10 Minuten** (vergleichbar mit konventionellem Kraftstofftanken!)[20]

---

[20]Vgl. [GG]

2.5. Bauteile

Im Folgenden wird auf die in der Schaltung verwendeten Bauteile und deren Eigenschaften eingegangen.

2.5.1. Halbleiterdioden

Ein Halbleiterdiode (Diode) ist ein stromrichtungsbhängiger Widerstand[21] mit dem als Sperrschicht ausgebildeten p-n-Übergang. Wichtige Kenn- und Grenzwerte von Dioden sind:

- I_{FAV} = Dauergrenzstrom

- I_{FRMS} = effektiver Durchlassstrom (Grenzeffektivstrom)

- U_{RWM} = Scheitelwert der Sperrgleich- und Wechselspannung

- P_{tot} = Gesamtverlustleistung bei Nenntemperatur

Schottky-Diode

Die Schottky-Diode basiert auf den von Walter Schottky entwickelten Kontaktstellen zwischen einer n-dotierten Siliziumschicht und einem Metall.[22] Die von Schottky entwickelten punktförmigen Metallkontakte wurden mittlerweile durch einen dünnen Metallfilm ersetzt. Die Elektronen im n-dotierten Silizium haben einen höheren Energiezustand als die Elektronen im Metall, dies führt zu einer Elektronen verarmten Potenzialbarriere an der Grenzschicht auf Halbleiterseite. (Siehe Abb. 2.7 a)).

Eine Sperrspannung mit der Kathode (-) an die metallische Komponente vergrößert die Sperrschicht und es kann kein Strom fließen.

Beim Anschluss der Anode (+) an die metallische Komponente wird die Sperrschicht abgebaut es fließen Elektronen aus dem n-dotierten Silizium in das Metall (Siehe Abb. 2.7 b)). Die Schleusenspannung beträgt ca. $0,35V$. Duch die einseitige n-Dotierung stehen zum Ladungstransport alleinig die Majoritätsträger der n-dotierten Siliziumschicht (Elektronen) zur Verfügung und gewährleisten so einen einen Übergang von Durchlass- zu Sperrspannung $t_{rr} = 100ps$.

---

[21]Vgl. [Lin04 Seite 251]
[22]Vgl. [J], [Lin04]

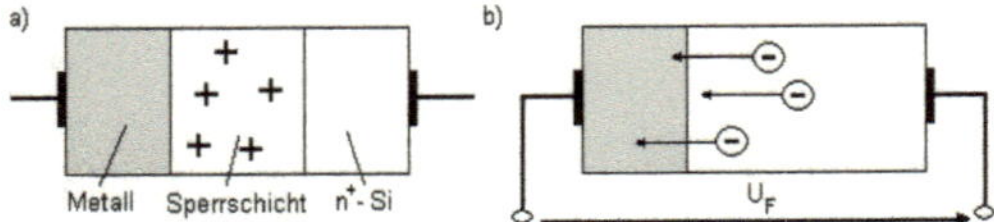

Abbildung 2.7.: Metall-Halbleiter-Übergang

a) Stromloser Zustand, b) Flussrichtung, Quelle: Eigene Zeichnung

Zener-Diode

Zener-Dioden (auch Z-Dioden) nach Clarence Malvin Zener, dem Entdecker des Zener-Effektes; sind Dioden mit einer n^+np^+ Dotierung. Sie weisen eine geringe Sperrschichtdicke und einen besonderen Verlauf der Durchburchkennline auf.

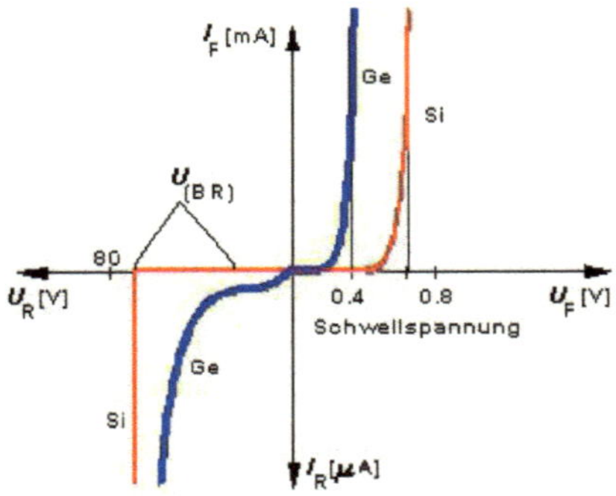

Abbildung 2.8.: Strom-Spannungs-Kennlinie

Quelle: Eigene Zeichnung

Wie aus der Kurve für Si-Zener-Dioden abzulesen ist, verhalten sie sich in Durchlassrichtung wie normal Dioden, stellen allerdings in Sperrichtung ab einer bestimmten Spannung, der Durchburchspannung, keinen Widerstand mehr dar. Die Durchbruchspannung U_{BR} wird bei Z-Dioden als Z-Spannung U_Z bezeichnet und beträgt normalerweise $3 - 100V$.

2.5.2. Transistoren

Transistor von [lat.: **„trans"** = hinüber] und [lat.:**"resistere"** = Widerstand leisten].[23] Der Transistor ist ein verstärkendes (aktives) Halbleiterbauelement. Es wird die Unterteilung in bipolare und unipolare Transistoren vorgenommen. Da in dem Schaltungsaufbau nur bipolare Transistoren benötigt werden, wird sich die Theorie auf diese konzentrieren.

Bipolare Transistoren sind aus zwei eng benachbarten pn-Übergängen aufgebaut und am Ladungstransport sind beide Arten an Ladungsträgern (Löcher und Elektronen) beteiligt. Je nach Zonenfolge ergibt sich ein bestimmter Typ des Transistors: npn oder pnp.

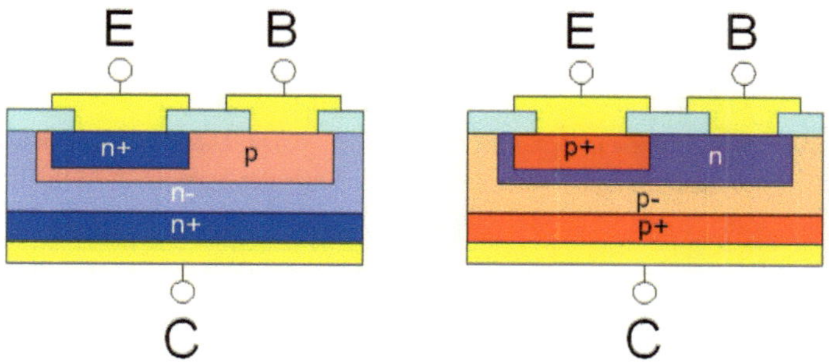

Abbildung 2.9.: NPN Aufbau   Abbildung 2.10.: PNP Aufbau

Quelle: Vgl.[L]

Steuerprinzip

Im Normalbetrieb, ist die Basis-Emitter-Diode in Druchlassrichtung $U_{BE} > 0$ und die Basis-Kollektor-Diode in Sperrrichtung $U_{BC} < 0$ gepolt. Ist $U_{BE} > dem\ Schwellwert$ der Basis-Emitter-Diode, fließt ein Basisstrom I_B,welcher nur zu einem sehr geringen Teil in der wenig dotierten Basisschicht rekombiniert, der größte Teil macht den Kollektorstrom I_C aus.

Der Kollektrostrom I_C hängt von der Basis-Emitter-Spannung U_{BE} ab. Oben genannte Zusammenhänge werden für die unterschiedlichen Transistoren im Datenblatt in Form des Vierquadrantenkennlinienfeldes dargestellt. Die Datenblätter sind größtenteils international standardisiert Es folgen die Daten für die in der Schaltung benutzten Transistoren.

---

[23] Vgl. [Man04], [Lin04]

BC328

Die Bezeichnung BC328[24] bedeutet B = Silizium, C = Tonfrequenz-Transistor, 328 = Nationale Bauteilnummer. Es handelt sich um einen PNP-Verstärker-Transitor mit folgenden Eigenschaften:

Bezeichnung	Abkürzung	Einheit	Wert
Kollektor-Emitter-Spannung	V_{CE}	Vdc	-25
Kollektor-Basis-Spannung	V_{CB}	Vdc	-30
Emitter-Basis-Spannung	V_{EB}	Vdc	-5,0
Kollektorstrom	I_C	mAdc	-800
Gesamtwärmeabstrahlung T = 25°C	P_D	mW	625

Tabelle 2.4.: Technische Daten BC328

Diese Werte sind exemplarisch aus dem Datenblatt[25] entnommen. Das Datenblatt enthält 5 Seiten detailierte Informationen zum Transistor und würde hier den Rahmen der Semesterarbeit sprengen.

BC548B

Die Bezeichnung BC548B[26] bedeutet B = Silizium, C = Tonfrequenz-Transistor, 548 = Nationale Bauteilnummer und B = mittlere Stromverstärkung. Es handelt sich um einen NPN-Kleinsignale-Verstärker-Transitor mit folgenden Eigenschaften:

Bezeichnung	Abkürzung	Einheit	Wert
Kollektor-Emitter-Spannung	V_{CE}	V	30
Kollektor-Basis-Spannung	V_{CB}	V	30
Emitter-Basis-Spannung	V_{EB}	V	5
Kollektorstrom	I_C	mA	100
Gesamtwärmeabstrahlung T = 25°C	P_{tot}	mW	500

Tabelle 2.5.: Technische Daten BC548B

Obwohl hier nur die 5 wichtigsten Kenndaten aufgelistet werden, kann man schon jetzt erkennen, dass unterschiedliche Hersteller auch unterschiedliche Darstellungsweisen (z.B Einheiten) wählen. Es wird deutlich, dass der Transistor BC548B z.B. einen wesentlich geringeren Kollektrostrom aufweist.

---

[24]Vgl. [M]
[25]Vgl.[BC328]
[26]Vgl. [M]

3. Schaltung

3.1. Einleitung

Die im Rahmen dieser Semesterarbeit aufgebaute und evaluierte Schaltung ist durch den Artikel „Einfacher Solarlader",von Luc Lemmens, aus der Elektronik Zeitschrift: Elektor (Nr. 436, April 2007) inspiriert. Das Reizvolle an der Schaltung ist die Simplizität des Aufbaus und die erreichte Unabhängigkeit vom Stromnetz zum Laden von Akkus.

Es wird zwischen dem Solarmodul, der Schaltung und dem Batteriepack differenziert.

- Das Solarmodul ist die Energiequelle zum Laden der Akkus und besteht aus 8 in Reihe geschalteten polykristallinen Solarzellen und hat laut Hersteller eine Nennspannung von $3\,V$

- Die Schaltung hat die Hauptaufgabe die NiCd oder NiMH Akkus vor dem Überladen zu schützen

- Bei den Akkus handelt es sich um Micro(AAA)-Zellen mit einer Nennspannung von $1,2\,V$ und einer Kapazität von $700\,mAh$. Der Hersteller hat die Standardaufladung der Akkus mit $12 - 15\,h$ bei $10\,mA$ angegeben.

3.2. Aufbau

Beim Aufbau der Schaltung ist es zu empfehlen, zuerst ein Steckboard zu benutzen um die Fuktionstüchtigkeit der Schaltung und die korrekte Umsetzung des Schaltplanes, vor dem Auflöten auf eine Lochrasterplatine, zu überprüfen.

Die Schaltung besteht aus folgenden Bauteilen:

Bezeichnung	Einheit	Größe	Beschreibung
R1	Ω	8k2	Metallschicht
R2	Ω	8k2	Metallschicht
R3	Ω	22k	Metallschicht
R5	Ω	10k	Metallschicht
R6	Ω	100k	Metallschicht
R7	Ω	10	Metallschicht
P1	Ω	10k	lineares Potentiometer
D1	$U_{schwell}$	10k	Schottky Diode
D2	$U_{schwell}$	1,4V	Z-Diode
T1	—	BC328	PNP Si Verstärker
T2	—	BC548B	NPN Si Kleinsignaltransitor

Tabelle 3.1.: Verwendete Bauteile
Quelle: Vgl.[Elektor Artikel]

Der Aufbau erfolgt nach dem Schaltplan des Elektor Artikels[1]

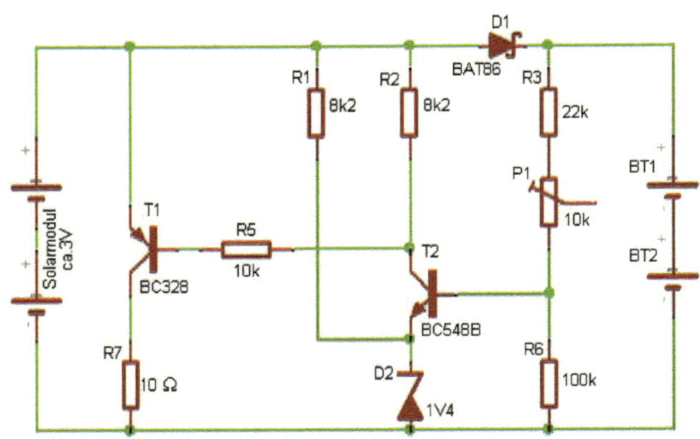

Abbildung 3.1.: Schaltplan
Quelle: Eigene Zeichnung (mit Eagle 4.16r2)

---

[1]Vgl. Lemmens 2007

3.3. Funktionsweise

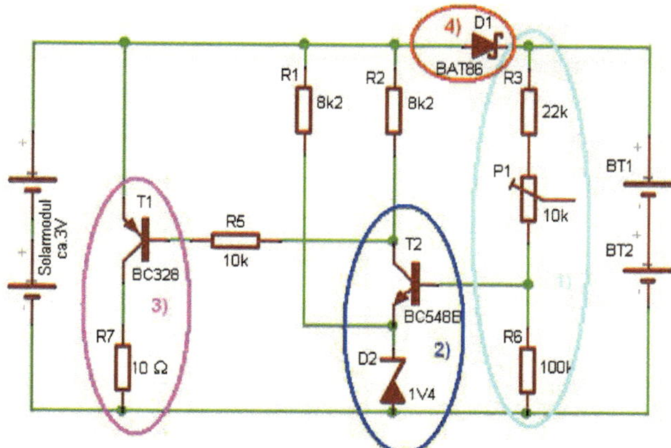

Abbildung 3.2.: Funktionen
Quelle: Eigene Zeichnung (mit Eagle 4.16r2)

Die Schaltung soll das Überladen der Akkus verhindern. Dazu haben die Bereiche der Schaltung folgende Funktionen:

1. Der Spannungsteiler aus R3, P1 und R5 bestimmt, bei welcher Ladeendspannung die Basis-Emitter Spannung von T2 größer als die Schwellspannung ist und dieser schaltet. Dies wird mit dem Potentiometer eingestellt.

2. Die Z-Diode verleiht dem Transistor T2 einen Emitter-Offset von 1,4 V. T2 schaltet, wenn die Ladeendspannung groß genug ist.

3. Sobal T2 schaltet, wird auch die Kollektor-Emitter Verbindung von T1 durchlässig und der Strom des Solarmoduls wird über den Leistungswiderstand R7 abgeleitet.

4. Die Schottky-Diode hat ergibt Spannungsabfall von 0,4 V und verhindert in der Eigenschaft als Diode den Stromrückfluss von den Akkus

3.4. Solarmodulmessungen

3.4.1. Wirkungsgrad

Beim Solarmodul wird der Wirkungsgrad empirisch ermittelt. Die anliegende Spannung an einem bekannten Lastwiderstand wird über mehrere Tage verteilt über den Tag gemessen und mit den Daten vom Leibniz-Institut für Meereswissenschaften an der Universität Kiel zur solaren Einstrahlung abgeglichen.

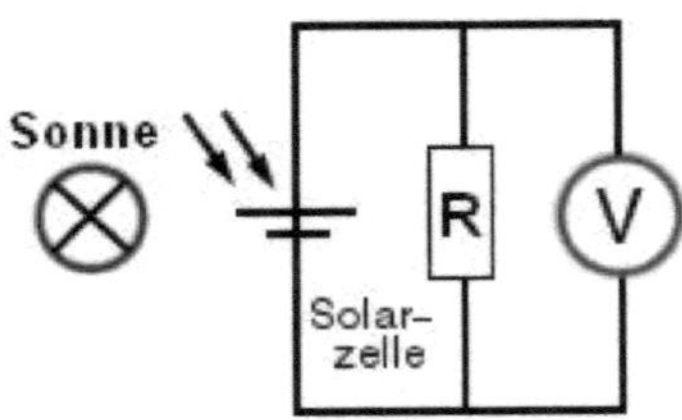

Abbildung 3.3.: Versuchsaufbau

Ergebnisse

Tag	Uhrzeit	Spannung in V	Solare Einstrahlung W/m^2	Output in W	Input in W	Wirkungsgrad
16.06.2007	11 Uhr	3	250	0,01	0,90	1,47%
	12 Uhr	2,8	225	0,01	0,81	1,42%
	13 Uhr	2,9	225	0,01	0,81	1,53%
	14 Uhr	2	100	0,01	0,36	1,63%
	15 Uhr	2,05	110	0,01	0,40	1,56%
	16 Uhr	3,83	435	0,02	1,57	1,38%
	17 Uhr	4,09	500	0,02	1,80	1,37%
	18 Uhr	2,6	150	0,01	0,54	1,84%
	19 Uhr	1,7	75	0,00	0,27	1,57%
17.06.2007	11 Uhr	4,1	550	0,02	1,98	1,25%
	12 Uhr	4,3	600	0,03	2,16	1,26%
	13 Uhr	4,3	1000	0,03	3,60	0,76%
	14 Uhr	4,3	1100	0,03	3,96	0,69%
	15 Uhr	4,3	900	0,03	3,24	0,84%
	16 Uhr	2,8	300	0,01	1,08	1,07%
	17 Uhr	3,76	400	0,02	1,44	1,44%
	18 Uhr	3,04	200	0,01	0,72	1,89%
	19 Uhr	2,10	140	0,01	0,50	1,29%
18.06.2007	11 Uhr	3,00	300	0,01	1,08	1,23%
	12 Uhr	3,12	350	0,01	1,26	1,14%
	13 Uhr	3,02	200	0,01	0,72	1,86%
	14 Uhr	2,6	175	0,01	0,63	1,58%
	15 Uhr	2,56	150	0,01	0,54	1,78%
	16 Uhr	1,4	50	0,00	0,18	1,60%
	17 Uhr	3,1	300	0,01	1,08	1,31%
	18 Uhr	3,2	250	0,02	0,90	1,67%
	19 Uhr	4,08	450	0,02	1,62	1,51%
	20 Uhr	2,7	150	0,01	0,54	1,99%
					Mittel	1,43%

Abbildung 3.4.: Messergebniss solare Einstrahlung

Der Wirkungsgrad fällt hier scheinbar gering aus, allerdings ist zu beachten, dass die solare Einstrahlung die gesamte eingestrahlte Energie der Sonne über das gesamte Strahlungsspektrum bezeichnet. Der tatsächliche Wirkungsgrad bezogen auf das nutzbare Lichtspektrum liegt ungefähr bei dem 10-fachen Wert: ca. 14,3.%

Die Werte der solaren Einstrahlung wurden folgenden Grafiken entnommen:

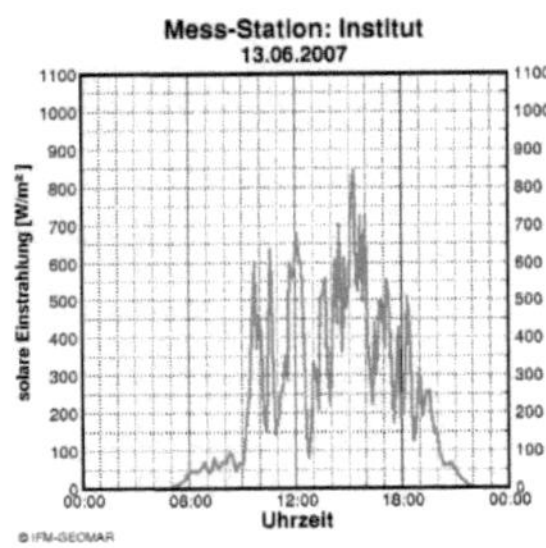

Abbildung 3.5.: 13.06.2007

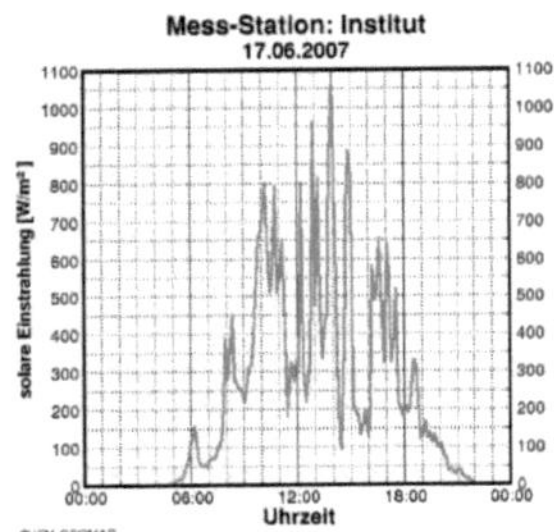

Abbildung 3.6.: 17.06.2007

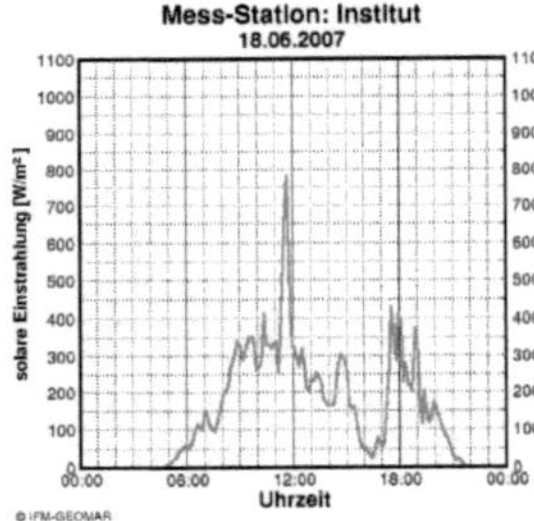

Abbildung 3.7.: 18.06.2007

Da die Messungen im Freien stark vom Wetter abhängt und sich die Situationen nicht exakt wiederholen lassen, wird die Bestimmung des Wirkungsgrades zusätzlich mit einem Laborbaufbau ermittelt:

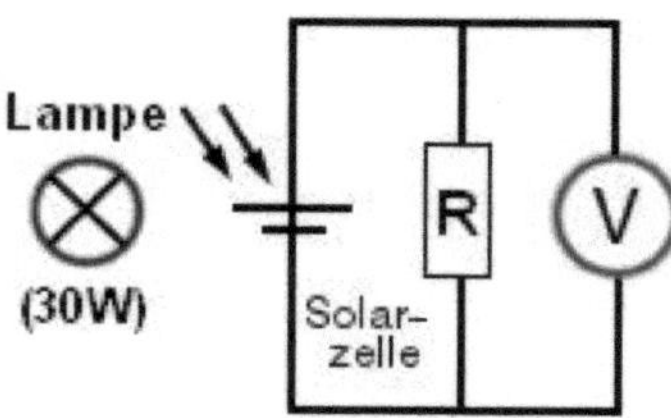

Abbildung 3.8.: Versuchsaufbau Labor

Ergebnisse

Der Wirkungsgrad der 30W Leuchte beträgt 10%, somit werden 10% der Leistung als Lichtleistung ausgegeben.[2]

Leistung Lampe [W]	Lichtleitstung [W]	Leistung Solarmodul [W]	Wirkungsgrad [%]
11,6	1,2	0,11	9,4
13,4	1,3	0,15	11,1
15,6	1,6	0,20	12,5
17,4	1,7	0,23	13,3
18,8	1,9	0,27	14,4
20,7	2,0	0,32	15,4
24,8	2,5	0,44	17,8
26,3	2,6	0,46	17,5
27,6	2,8	0,49	17,6
29,9	3,0	0,52	17,5
Durchschnitt	-	-	15,1

Tabelle 3.2.: Messergebnisse Labor

---

[2]Messdaten unter Motorola 1995

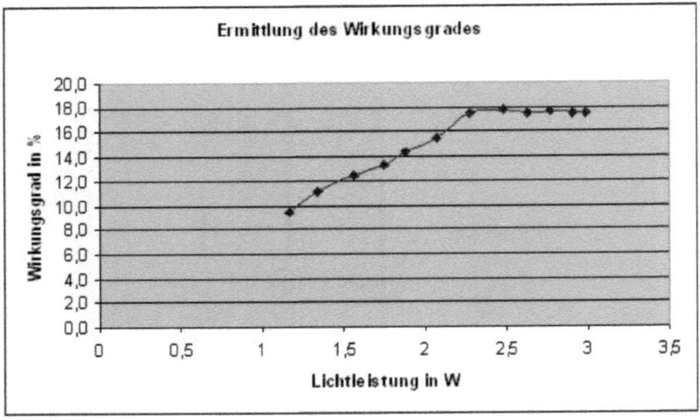

Abbildung 3.9.: Messergebnisse Wirkungsgrad

Deutung

Wie zu erkennen ist, steigt der Wirkungsgrad des Solarmodules mit der eingegebenen Lichtleistung. Dies ist ungewöhnlich, da der Wirkungsgrad einer Solarzelle bei größerer Wärme-
entwicklung geringer wird. In diesem Fall liegt es an der verwendeten Leuchte, welche erst
ab einer Leistung von ungefähr 20 W genügend Lichtleistung aufbringt um die gesamte Solarzelle ausreichend zu beleuchten. Von diesem Punkt an ist der Wirkungsgrad konstant. Der
ermittelte durchschnittliche Wirkungsgrad von 15,1% stimmt mit den theoretischen Annah-
men aus 2.3.1 überein.

3.4.2. Innenwiderstand des Solarmoduls

Wie aus der Therorie bekannt ist, gibt eine Solarzelle die größte Leistung ab, wenn der Last-
wiederstand die Größe U_L/I_K hat. Um die Theorie zu bestätigen wird folgende Messung
durchgeführt:

Die Solarzelle wird beleuchtet und über ein $10k\Omega$ Potentiometer wird für ein bekannten Wi-
derstandswert eine Spannung aufgenommen.

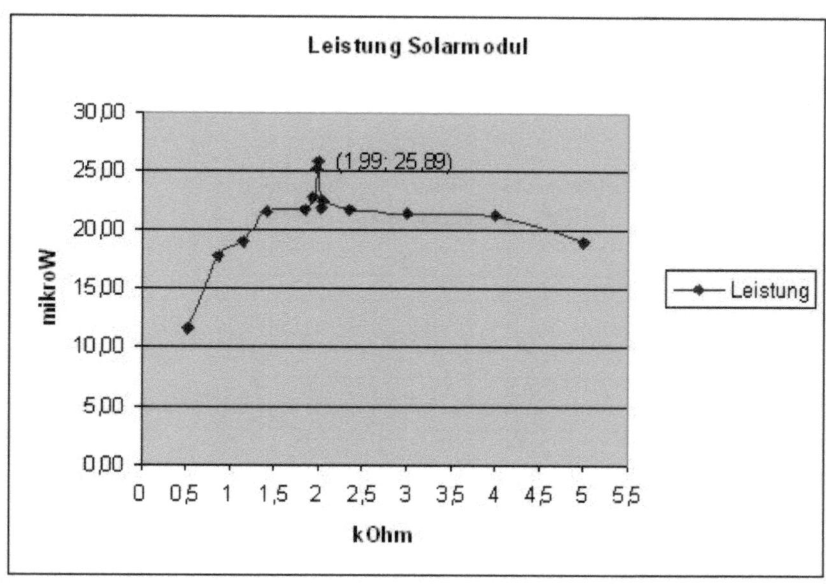

Abbildung 3.10.: Verlauf der Leistungskurve

Deutung

Aus der Grafik ist zu erkennen, dass die Leistung bei einem Widerstand von 1,99 $k\Omega$ eine Spit-
ze erreicht und bei weiterer Erhöhung des Widerstandes abfällt. Daraus lässt sich schließen,
dass der Innenwiderstand des Solarmoduls ca. 2 $k\Omega$ beträgt.

3.4.3. I-U-Kennlinie

Die in 2.2 angesprochene Theorie findet ihre Anwendung in der Aufzeichnung der Strom-Spannungs-Kennlinie.

1. Der Kurzschlussstrom I_{KS} einer Solarzelle ist proportional zur Einstrahlung.

2. Leerlaufspannung U_0 einer Solarzelle ist nur geringfügig abhängig von der Einstrahlung.

3. Hilfe der I-U-Kennlinien können die Strom- und Spannungswerte bestimmt werden, bei welchen Solarzellen (oder Schaltungen aus Solarzellen) ihre maximale Leistung abgeben.

Widerstand in Ohm	Strom in mA	Spannung in V
0	30	0
16	29,4	0,47
47	28,5	1,34
100	25,2	2,52
150	18,7	2,8
200	14,7	2,93
300	10,0	3,01
350	8,5	2,98
400	7,5	2,98
450	6,7	3,03
500	6,1	3,05
1000	3,1	3,06
3000	1,0	3,09
3500	0,9	3,09
4000	0,8	3,09
10000	0,3	3,1

Abbildung 3.11.: Messergebnisse U-I

Aus den aufgenommenen Werten ergibt sich folgende Strom-Spannungs-Kennlinie:

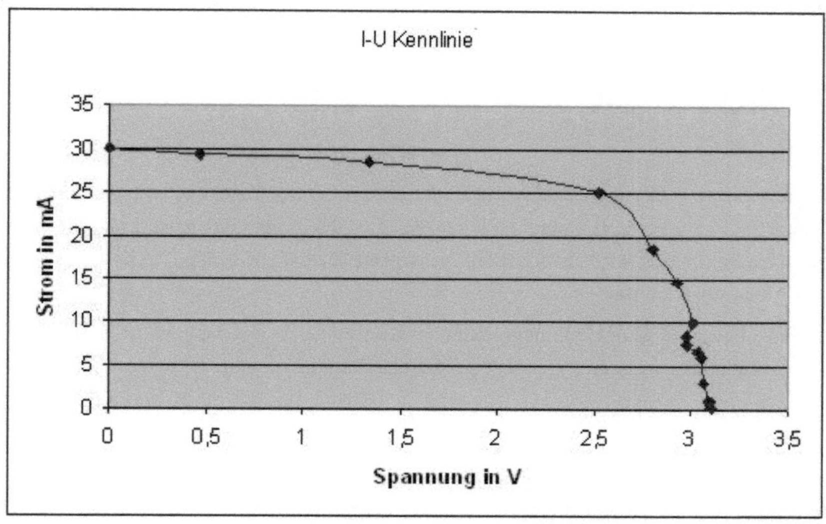

Abbildung 3.12.: I-U-Kennlinie

Deutung

Am Graphen ist abzulesen, dass der Kurzschlussstrom I_{KS} bei 30 mA und die Lerrlaufspannung U_0 bei 3,1 V liegt.

Es ist weiterhin der Punkt der maximalen Leistung abzulesen. Dieser ligt ungefähr bei den Koordinaten (2,5 V; 25 mA). Daraus ergibt sich ein P_{max} = 62,5 mW.

4. Ausblick

Der gebaute Solar-Akkulader mit Überladeschutz kann in Zukunft noch um ein Gehäuse (mit Akkufach),die Schaltung mit einer LED zur Anzeige des Abgeschlossenen Ladevorganges und einem Regler (für das Potentiometer P1) zum Umschalten von Mikro (AAA) auf Mignon (AA) Akkus erweitert werden.

Durch die Bestimmung des Wirkungsgrades des Solarmodules wird die Grundlage für Versuche zur Wirkungsgradsteigerung gelegt. Ansätze hierfür sind:

- Oberflächenstrukturierung zur Verminderung von Reflexionsverlusten: Zum Beispiel Aufbau der Zelloberfläche in Pyramidenstruktur, damit einfallendes Licht mehrfach auf die Oberfläche trifft. Neue Materialien: Zum Beispiel Galliumarsenid (GaAs), Cadmiumtellurid (CdTe) oder Kupfer-Indium-Diselenid (CuInSe2)

- Konzentratorzellen: Durch die Verwendung von Spiegel- und Linsensystemen wird eine höhere Lichtintensität auf die Solarzellen fokussiert. Diese Systeme werden der Sonne nachgeführt, um stets die direkte Strahlung auszunutzen.

- Grätzel-Zelle: Elektrochemische Flüssigkeitszelle mit Titandioxid als Elektrolyten und einem Farbstoff zur Verbesserung der Lichtabsorption.

Weiterhin können Möglichkeiten betrachtet werden, die ungenutze Wärmeenergie ein elektrische Energie umzuwandeln. Dies würde die praktische Anwendung des Seebeck-Effektes bedeuten.

Die Verwendung von Solarmodulen könnten die Einrichtung einer Solar-Ladestation für die vorhandenen Roboter (z.B. C´t Bot) ermöglichen. Diese Ladestation könnte von den Robotern selbstständig angefahren werden und die Akkus werden geladen.

5. Zusammenfassung

Im Rahmen dieses Semesterarbeit im Fach Elektrotechnik, wird die Schaltung „Solar-Akkulader mit Überladeschutz" aufgebaut und sämtliche Komponenten theoretische erfasst.
In der Theorie werden zuerst Halbleiter, Fotodiode und die Solarzelle betrachtet, dann die Akkumulatoren und am Ende einige der verwendeten Bauteile.

Der praktische Teil der Semesterarbeit beschäftigt sich mit dem Aufbau der Schaltung und den Messungen am Solarmodul. Der Schwerpunkt der liegt hier eindeutig bei dem Solarmodul, an welchem in verschiedenen Versuchen der Wirkungsgrad, Innenwiderstand und Strom-Spannungs-Kennlinie ermittelt werden.

Gerade die Messungen und die Bestimmung des Wirkungsgrades hat sich als komplexer und schwieriger herausgestellt als erwartet. Um auf diesem Gebiet nicht das Planksche Wirkungsquantum abzuleiten um auf die Lichtleistung zu kommen, wird auf das Leibnitz-Institut für Meereswissenschaften an der Universität Kiel und deren Messungen zurückgegriffen.

Das Potential dieser Semesterarbeit liegt in der Vorarbeit zu Versuchen bezüglich Solarzellen und der Verbesserung des Solar-Akkuladers.

Literaturverzeichnis

[1] Hörnemann Hübscher Jagla Klaue Wickert Brechmann, Dzieia. *Elektrotechnik Tabellen Energieelektronik.* Braunschweig:, 5. edition.

[2] Heinrich Dubbel. *Taschenbuch für den Maschinenbau.* Berlin:, 21. edition.

[3] Constans Lehmann Helmut Lindner, Harry Brauer. *Taschenbuch der Elektrotechnik und Elektronik.* Leipzig:, 8. edition.

[4] Helmut Lindner. *Physik für Ingenieure.* Leipzig:, 17. edition.

[5] Jürgen Manderla u.w. *Fachkunde Elektrotechnik.* Haan-Gruiten:, 24. edition.

[6] Infineon Technologies AG Werner Klingenstein. *Halbleiter - Technischer Erläuterungen, Technologien und Kenndaten.* München:, 3. edition.

Datenblätter/Artikel:

Lemmens, Luc: Einfacher Solarlader. Verhindert das Überladen von NiCd/NiMH-Zellen. In: elektor 04/2007, Elektor-Verlag GmbH, Aachen. ISSN 0932-5468

Motorola, Inc.: Semiconductor Technical Data for Amplifier Transistors PNP Silicon. Document ID BC327/D. Motorola Literature Distribution, Phoenix, AZ, 1995. Via http://www.datasheetspdf.com/PDF/BC327/128203/1

Vishay Semiconductors: Small Signal Transistors (NPN) BC546 / 547 / 548. Document Number 85113, Rev. 1.2, 02-Nov-04. Vishay Semiconductor GmbH, Heilbronn, 2004. Via http://www.datasheetcatalog.com/datasheets_pdf/B/C/5/4/BC546A.shtml

Internetverzeichnis

A.   http://www.solarserver.de/lexikon/akkumulator.html [05.2007]
B.   http://www.jens-seiler.de/bastelecke/akkus/ [05.2007]
C.   http://de.wikipedia.org/wiki/Nickel-Metallhydrid-Akkumulator [05.2007]
D.   http://www.elektronik-kompendium.de/sites/bau/1101251.htm [05.2007]
E.   www.solarfoerderung.de [05.2007]
F.   http://de.wikipedia.org/wiki/Solarzelle [05.2007]
G.   http://www.ifm-geomar.de [05.2007]
H.   http://de.wikipedia.org/wiki/Globalstrahlung [05.2007]
I.   http://www.afterbuy.de/afterbuy/shop/storefront/start.aspx?seite=/afterbuy/shop/storefront/produkt.aspx%3Fshopid%3D8436%26produktid%3D3152781[05.2007]
J.   http://de.wikipedia.org/wiki/Schottky-Diode[05.2007]
K.   http://de.wikipedia.org/wiki/Z-Diode[05.2007]
L.   http://de.wikipedia.org/wiki/Bipolartransistor[05.2007]
M.   http://de.wikipedia.org/wiki/Halbleiter-Kennbuchstaben [06.2007]
N.   http://www.engplanet.com/content/transistormarking.html [06.2007]
O.   http://www.uni-potsdam.de/u/physik/didaktik/projekt/halbleiter/01-halbleiter.html [06.2007]
P.   http://de.wikipedia.org/wiki/NiCd [06.2007]
Q.   http://www.motelek.net/allgemein/akkus/nixx_akku.html [06.2007]
R.   http://www.dwd.de/de/wir/Geschaeftsfelder/KlimaUmwelt/Leistungen/Klimakarten/Globalstrahlung/Globalstrahlungskarte_brd_beispiel.htm [06.2007]
S.   http://www.solarserver.de/lexikon/solarzelle.html [06.2007]
T.   http://de.wikipedia.org/wiki/Solarzelle#Funktionsprinzip [06.2007]
U.   http://www.solartechnik-solaranlagen.de/lexikon/airmass.html [06.2007]
V.   http://www.bpb.de/wissen/QDNZZC,0,Verbrauch_von_Prim%E4renergie.html [06.2007]
W.   http://emsolar.ee.tu-berlin.de/solarweb/Grundlagen/Sonne/AirMass.html [06.2007]
X.   http://www.innovations-report.de/html/berichte/veranstaltungen/bericht-61539.html[06.2007]
Y.   http://www.ch-forschung.ch/index.php?artid=7 [06.2007]
Z.   http://de.wikipedia.org/wiki/Air_Mass [06.2007]
AA. http://www.solarserver.de/kfw_programm.html#solarstrom [06.2007]
BB. http://de.wikipedia.org/wiki/Photovoltaik [06.2007]
CC. http://de.wikipedia.org/wiki/Bild:Solarstromerzeugung_deutschland_1990_bis_2005.png[06.2007]
DD. http://www.focus.de/immobilien/energiesparen/solarenergie/photovoltaik/photovoltaik_aid_25226.html[06.2007]
EE. http://www.solaranlagen-portal.de/photovoltaik-solaranlagen/technik/solarzellen-solarmodule/solarzellen.htm [06.2007]
FF. http://www.jens-seiler.de/bastelecke/akkus/#entladen [06.2007]
GG. http://www.spiegel.de/auto/aktuell/0,1518,489085,00.html [06.2007]